AF460507

Notice

DES TABLEAUX ET DES AQUARELLES

DU GÉNÉRAL D'ALVIMAR

que le jury a refusés pour l'exposition
du Musée royal, et que le public peut voir depuis
dix heures jusqu'à quatre au Musée Colbert,
rue Vivienne, n° 2.

La nudité de quelques figures pouvait d'autant moins être un prétexte pour les refuser, que l'auteur a écrit au jury qu'il avait des draperies volantes pour cacher tout ce qu'on voudrait.

N° 1. Milon de Crotone dévoré par les loups.

Les deux mains prises dans un chêne qu'il voulait casser, et qui s'est tout à coup resserré, cet athlète d'une force si prodigieuse est sur le point de tomber de désespoir et de douleur. On aurait tort de juger le loup par ceux qu'on voit généralement en France. Cet animal, la hyène et d'autres bêtes féroces s'accouplant dans les pays qui ne sont pas très-peuplés, comme pouvaient être les environs de Crotone, l'artiste a profité de cette circonstance pour mettre plus de variété dans les animaux.

N° 2. Judith venant de tuer Holopherne.

Le sujet de Judith est souvent traité par les peintres. Avant l'action, il est insignifiant; pendant l'action, il est impossible sans tomber dans le grotesque ou le trivial; après l'action, il est non seulement dramatique, mais *eschylique*, bien qu'il puisse ne pas être agréable aux personnes qui oublient, quand on n'a point à traiter un sujet moral du petit nombre de ceux qui existent, que le peintre n'a d'autre moyen d'émouvoir que par les yeux, de même que le poëte par les oreilles. Toutefois le contraste que produit ici le beau corps d'une femme en opposition avec le reste de la scène suffit pour la faire oublier. Quant à Judith nue, outre que la coutume des Orientaux y prête, rien ne s'y oppose dans son histoire, regardée comme apocryphe ; c'était une difficulté de plus à vaincre. Judith est ici représentée inspirée par le Ciel, qu'elle remercie dans l'instant même qu'elle vient de détacher de son tronc la tête encore pantelante d'Holopherne.

N° 3. Nymphes jouant à sauter par un cerceau avec des faunes et des satyres.

Pour contraster avec sa Judith et son Milon de Crotone, l'auteur s'est efforcé de répandre sur ce sujet les images riantes analogues.

N° 4. Nymphes jouant au cheval-fondu avec des faunes et des satyres.

Ce tableau est le pendant de celui qui précède.

N° 5. Procession des serpens, en Egypte.

Il est probable que les individus représentés dans ce tableau sont un reste des anciens Psylles, peuple qui, dit-on, guérissait la morsure des serpens, et sur lequel on a tant divagué. Ceux qui se livraient aux exercices qu'on voit ici avaient soin avant d'exprimer le venin des serpens de leurs gencives, d'autres leur arrachaient les dents. Parfois cependant il en mourait faute de précautions.

Quant à la cérémonie que représente ce tableau, elle n'existe plus depuis l'expédition des Français, sous Bonaparte. La procession arrive par une de ces portes composées des ruines antiques comme on en voit en Egypte. L'étendard de Mahomet est entouré de trompettes et d'autres instrumens. Suivi d'une foule immense, il est précédé par des énergumènes qui s'agitent de toutes façons. Le lointain vers la gauche donne une idée des travaux de la campagne. Un bœuf tourne une roue à chapelet, qui verse l'eau dans des canaux pour arroser une rivière. Plus en avant, un *fellaw* monté au haut d'un dattier en cueille le fruit. Le dernier plan offre une échappée du Nil avec un village égyptien. En suivant le lointain vers la droite, des fabriques sont entremêlées de mosquées, que couronnent leurs dômes et de hauts minarets. Plus près du spectateur que l'obélisque, une femme nue, de celles qu'ainsi que les *santons* on respecte pour leur prétendue sainteté, est à cheval sur un âne. Comme ceux qui l'accompagnent elle brandille des serpens, parfois même les déchire avec ses dents et jette les morceaux au peuple, qui les conserve avec soin, croyant que le Ciel fait prospérer les maisons où l'on garde ces reliques. D'autres individus, également nus, s'agitent comme des furieux, en prononçant continuellement le nom de *Dieu*. En avant, est un enfant nègre à cheval sur une autruche privée, comme on en amène quelquefois du désert en Egypte. Un autre nègre est monté sur un crocodille qu'il conduit au moyen d'une rêne qui part d'un anneau de fer passé dans ses narines. Ce nègre est armé d'une lance pour frapper le monstre au besoin. Plus loin vers la droite se voit un *santon*, c'est-à-dire un de ces fanatiques qui en imposent au peuple par leur façon de vivre, leur régime pénitentiel et leurs macérations. Vêtu d'une simple chemise bleue de *fellaw*, la tête couverte d'un bonnet pointu composé de chiffons comme ceux qui pendent à sa lance, un poignard et deux grandes cuillers de bois à sa ceinture, il fait quelque discours analogue à la fête, et sans doute engage à prendre courage ceux qui agitent les serpens, dont plusieurs sont déjà tombés de fatigue ou par le mouvement qu'ils se sont donnés. Entre ces derniers est sur le premier plan un nègre forcené, qui vient de déchirer avec ses dents un serpent dont il jette le tronçon inférieur, tandis que près de lui sont deux jeunes filles dont l'une sourit à un gros serpent qu'elle semble vouloir prendre, et l'autre qui en tient deux semble en agiter un vers le *santon* avec le désir de son approbation. Vers la droite des Mamelucs à cheval, des Bedouins armés, des Bedouines, terminent le tableau. La foule du peuple, dont beaucoup d'individus invoquent *Alla* en levant les mains vers le Ciel, est spectatrice de la procession. Le fond principal du tableau offre un de ces obélisques de granit qui jadis étaient assez communs en Egypte, et trois pyramides qui ressemblent à celles de Gizhé.

N° 6. Episode de l'hyppopotame à la procession des serpens.

Ce tableau fait partie de celui qui précède, comme l'indiquent les figures qui le terminent des deux côtés. L'hypopotame s'étant dérangé de la route, un *fellaw* essaie de l'y faire rentrer avec un bâton, tandis qu'un autre Arabe le tire avec une corde dans la même intention. En voyant l'extérieur de l'hypopotame, on aurait tort de croire que cet animal soit méchant; malgré son système de dents tout particulier et ses longues incisives, à moins qu'on ne le provoque, il ne s'en sert que pour fouiller la terre, en arracher les bulbes et les racines. Quant à la scène représentée, on y voit comme dans la procession des serpens, au milieu de la foule qui se presse, des hommes et des femmes nues qui dansent en rond ou s'agitent autrement, avec force grimaces et convulsions. Répétant sans cesse le nom de Dieu, ils brandissent et déchirent des serpens comme dans l'autre tableau.

N° 7. Jeune fille se regardant dans un Psyché.

N° 8. L'Innocence ou la Naïveté, personnifiée dans une jeune fille qui donne à boire à une couleuvre.

N° 9. Fiancée grecque, à Athènes.

Elles se promènent ainsi le jour de leur mariage, en se rendant chez celui qu'elles doivent épouser. Voilées et montées sur une paisible haquenée, elles ont en croupe un enfant, ce qu'on regarde comme l'emblême de la fécondité. Leurs amies ou leurs parentes les accompagnent, dansant autour d'elles en chantant et tenant de longs mouchoirs. La promenade se dirige ordinairement vers les environs du temple de Thésée. Il est ici dans l'éloignement, couronné par un arc-en-ciel, après une de ces pluies ou même de ces orages qui se forment et se dissipent tout à coup au printemps. La dernière femme à gauche porte une corbeille de fruits en signe d'abondance. Le fond de ce côté se compose du mont Cynthus, avec une petite échappée de vue d'Athènes.

N° 10. Mamelucs à cheval dans les environs du Kaire.

La scène se passe près de Gizhé, dont on voit trois des sept pyramides vers la gauche dans le lointain. Une halte de caravane, et des chameaux qui se reposent, s'aperçoivent derrière les palmiers. Des Mamelucs, dont le chef se reconnaît à sa barbe, forment le devant du tableau. Ils sont suivis de *saratchs*, armés de longs bâtons. Le cortége passe devant une petite mosquée, telle qu'il s'en trouve un grand nombre dans les environs du Kaire, et le tableau se termine par un de ces groupes qui se voyaient alors fréquemment en Egypte, des marionnettes arabes, qui font le sujet d'un autre tableau. (*Voyez* le n° 14.)

N° 11. Grand sphynx et pyramides de Gizhé.

Pour animer ce tableau, l'artiste a rappelé une de ces scènes qui se voyaient fréquemment quand les beys gouvernaient l'Egypte. Les Arabes bédouins venaient camper dans ce lieu favorable à leurs brigandages, comme près du Kaire et des pays cultivés. Lorsque les beys les y savaient, ils envoyaient des Mamelucs pour les chasser. On les voit ici combattant; une partie des Bébouins est en fuite, les Mamelucs les poursuivent, le feu est dans le camp, la caravane s'échappe, etc.

Ce tableau étant le seul que le jury ait eu l'ironique méchanceté de recevoir au Salon, le public peut juger s'il est le meilleur et le plus intéressant de ceux qu'il voit. Non content de faire le plus de mal possible au général d'Alvimar, on dirait que l'aréopage issu de *Dibutades* avait également résolu de le mystifi er.

N° 12. Officiers de la maison du grand-seigneur, à Constantinople.

La diversité des coiffures distingue la plupart des officiers employés dans l'intérieur du sérail. Ceux-ci causent en fumant leurs pipes, après avoir pris du café non loin d'une de ces fontaines comme il y en a beaucoup dans les environs de Constantinople. Sur un plan plus reculé, des femmes turques se promènent dans les environs d'un champ des morts (cimetière), comme elles en ont l'habitude. Une tombe ferme le tableau de ce côté, et le lointain offre une petite échappée de vue de Constantinople avec ses nombreux minarets.

N° 13. Turcs de l'île de Candie.

Ces habitans de la Canée, ou des environs, sont presque toujours armés. On les voit ici près d'une petite mosquée composée, comme l'indiquent les colonnes et l'entablement, de quelque ancien monument grec. Sur le toit est un nid de cigognes, pour lesquelles les Turcs ont eu long-temps une espèce de vénération superstitieuse. Des femmes grecques de divers pays se voient sur un plan plus reculé; le lointain offre une partie des environs de la Canée, avec un fortin et une vigie comme il s'en trouve dans le pays.

N° 14. Marionnettes arabes.

La scène se passe près d'un sycomore, arbre fruitier assez commun en Egypte, lequel produit une espèce de figues sur le tronc et les branches les plus fortes. Le charlatan fait mouvoir ses marionnettes, tandis qu'un Nubien pince de la lyre et une jeune fille joue du triangle pour amuser les spectateurs.

N° 15. Femmes de Mamelucs dans l'intérieur du harem.

Une dame vient voir son amie, qu'elle trouve fumant assise sur un sopha. Une esclave apporte le café qu'une jeune fille, selon la coutume du pays, va servir à l'étrangère, qui s'est dépouillée du vêtement noir que les femmes portent dans la rue.

N° 16. Monument choragique, vulgairement appelé la *Lanterne de Démos-*

thènes, érigé à Athènes dans la rue des Trépieds par la tribu Lychamantide, en faveur d'un nommé *Lysimaque*, qui avait remporté le prix du chant. On dit que ce monument a été détruit pendant les derniers troubles de la Grèce.

N° 17. Arabe bédouin, ou habitant du désert.

N° 18. Arabe bédouine, ou habitante du désert.

AQUARELLES.

N° 19. Première idée du grand tableau de la procession des serpens, dessinée en Egypte.

N° 20. Vue de Mexico, de son lac et des environs.

Quoique la vallée de Mexico soit couronnée par des montagnes assez pittoresques, le terrain de cette ville est si plat, que, de quelque côté qu'on y arrive, elle a l'air d'un grand village, même en venant de Chapoultépec, dont la hauteur est son point de vue le plus favorable. C'est du belvéder sur le sommet du château qu'on a fait ce dessin. D'après les traditions, qui disent que Tenoxtitlan était bâtie sur plusieurs petites îles du lac de Tezcouco, l'on croit généralement qu'il en est ainsi de Mexico; cette ville est à près d'une lieue du lac, qu'on voit derrière avec les villages sur ses bords. La chaîne de montagnes qui couronne le lointain fait partie des Cordillères. A gauche et à droite du dessin, partent du premier plan les aquéducs qui conduisent l'eau à Mexico.

N° 21. Grande place de Mexico.

Située au centre de la ville, cette place, sans être régulière, est spacieuse et assez belle. La cathédrale, en face du spectateur vers la gauche, est un portrait fidèle qu'on peut juger. Masse énorme, point assez élevée parce qu'on a craint les tremblemens de terre, ses diverses parties, bâties à des époques différentes, ont peu de rapports entre elles. Ce monument, toutefois, dont l'intérieur est beau, mérite l'attention; il ne serait point indifférent même dans une capitale de l'Europe. Le palais du gouvernement est le grand édifice qu'on voit sur la droite avec un pavillon arboré sur le haut de son centre. Ce qui étonnera, c'est que la grande place de Mexico et les rues adjacentes sont presque toujours aussi pleines de monde que dans ce dessin, retranchant néanmoins le cortége de l'empereur Iturbide, qui se rend au palais. Ceux qui le regardent passer, le costume varié des moines, la garde formée devant le palais, la salve du canon, le gouverneur de la ville et son état-major à cheval au milieu de la place, animent la scène, sans parler des boutiques, des étals de fruits, d'alimens, de boissons et d'objets bon marché pour les Indiens, des groupes et des figures de toute espèce, qui donnent une idée du pays.

N° 22. Mosquée du sultan Hassen, au Kaire.

Ce monument, qui est sur la gauche, n'existe plus. Il fut détruit par l'artillerie des Français, lors de la révolte du Kaire. C'est dans l'intérieur de cette mosquée qu'a eu lieu la scène peinte par Girodet.

N° 23. Fontaine vulgairement appelée la *Fontaine d'Homère*, sur la place de la ville de Scio, dans l'île de ce nom.

C'est sur cette place que les Grecs furent massacrés par les Turcs, il y a quelques années. On voit une partie du port et de la citadelle vers la gauche ; les côtes de l'Asie-Mineure paraissent dans le lointain.

N° 24. Dessins pour juger de l'effet des tableaux des bacchanales.

N° 25. Vue de la ville de Ceuta, prise de l'ouest.

La montagne élevée sur laquelle se trouve la citadelle, est l'ancienne Abila, qu'on croyait la colonne d'Hercule en Afrique, opposée à Calpé, aujourd'hui Gibraltar, qui passait pour la colonne d'Hercule en Europe.

N° 26. Vue de la ville de Ceuta, prise de l'Est.

On voit ici la partie occidentale de Ceuta, et ses fortifications du côté des Maures. Les montagnes élevées, sur le plan le plus reculé, sont le commencement du petit Atlas.

N° 27. Etudes de divers objets pour mettre dans des tableaux.

N° 28. Bacchanale.

Des nymphes, des faunes et des satyres boivent et dansent près d'un petit temple de Bacchus, où d'autres se rendent en cérémonie. Une nymphe à moitié ivre est couronnée par une de ses compagnes, tandis qu'un satyre vide sa coupe à mesure qu'un enfant la remplit. L'auteur s'est efforcé de répandre sur ce tableau, comme dans les deux grandes *Bacchanales*, la gaieté qui convient aux sujets érotiques.

N° 29. Philosophe réfléchissant sur le néant de la vie.

N° 30. Femme sortant du bain.

N° 31. Gravure de la Fiancée grecque, à Athènes, par Debucourt.

Tout ce qui n'a pas de numéro, bien que du même auteur, est mis uniquement pour que les salles ne soient pas trop vides.

FIN.

LE VILLAGEOIS, SON FILS ET L'ANE,

FABLE

Dédiée à ceux qui, pour le guet-à-pens dont je viens d'être victime au Musée, et dans d'autres circonstances, m'ont blâmé de faire à ma tête sans écouter personne.

Qui pourrait se flatter de plaire à tout le monde!
Qu'on soit ce qu'on voudra sur la machine ronde,
Quelque route qu'on suive, ou quelque but qu'on ait,
Jamais de la critique on n'évite le trait.
La calomnie et la satire
Ont toujours leur fin mot à dire.
Quelqu'un devient-il riche; aussitôt immolé,
Partout on l'attribue à ce qu'il a volé.
Demeure-t-il pauvre, au contraire;
C'est un sot qui n'a pas su se tirer d'affaire.
Si celui-ci prend femme, il n'a point calculé
Quel en est le danger; ou, s'il fuit l'hymenée,
Sur ses vices secrets l'envie est déchaînée.
Est-on poli, l'on est flatteur.
Paraît-on froid, c'est la hauteur.
Quelqu'un ne prête pas d'argent; fi de l'avare!
Cet autre en prête; il est vain, ou panier percé;
Le mélancolique est bizarre,
Le gai ne convient point, son air est déplacé.
Quiconque s'amourache est soudain une bête.
Fuit-on l'amour, on est insensible ou glacé.
Dès qu'on est malheureux, c'est qu'on manque de tête;

Et, pour peu qu'on ait du bonheur,
Etant sorcier, juif ou voleur,
On a fait pacte avec le diable.
Et quel savant, dont l'air ne soit insoutenable?
Pour lors, faute d'un fou, si le caquet languit,
Au sage, dit-on, rien ne duit;
Et quand le babil drape un homme de génie,
Qui surtout a quelque énergie,
Bientôt c'est un écervelé,
Une mauvaise tête, un vrai cerveau brûlé.
Puis, de plus en plus charitable,
Le petit est un nain, le grand inexcusable,
Le brave en tout un franc bretteur,
Et le prudent manque de cœur.
Le blanc est de cire ou de plâtre,
Le brun à son tour est mulâtre,
Le maigre est un jaloux; et, sitôt qu'on est gras,
Tout à son ventre, on n'a de soin que ses repas.
Celui qui se met bien est fat ou petit maître;
Sur le mal mis comment jeter un seul regard?
Dès qu'on parle, on est un bavard;
Et, pour peu qu'on se taise, on est sournois ou traître.
Enfin, quiconque vit long-tems
Est un être sans sentimens;
Et si le jeune meurt par quelque circonstance,
La faute s'en trouvant dans ses dérèglemens,
Il ne pouvait pas vivre, et c'est par imprudence.
De façon que soit bon, méchant, humble, orgueilleux,
Gai, triste, négligent, soigneux,
Gras, maigre, vif, libéral, chiche,

Blanc, noir, grand, petit, jeune, vieux,
Galant, fou, sage, pauvre, ou riche,
Il n'en est aucun ici bas
Qui jamais puisse faire un pas,
Sans être en proie au bec, à la langue assassine,
Du voisin et de la voisine.
De même pour l'état qu'on prend.
Tel réside à la cour, qu'on voudrait en province;
Comme aussi tel autre est marchand,
Qu'on croirait mieux servant le prince.
Déjà par La Fontaine on l'a vu raconter.
Pourquoi lors, dira-t on, ici le répèter?
Hélas! toujours loin du Permesse,
Bien que dans l'infortune, en proie à la tristesse,
Je me sois par remède à Phébus dédié,
Le croiras-tu, lecteur? je l'avais oublié (1).

(1) L'auteur de cette fable possède nombre de poëmes, dont quelques-uns sont assez considérables et d'un ordre supérieur. Ces ouvrages inédits commme ses *Considérations sur le gouvernement républicain*, lesquelles peuvent se comparer dans leur genre à ce que dans le sien est *le Mentor des rois*, déjà publié, ces ouvrages, dis-je, sont le fruit d'une longue et cruelle captivité de treize ans, pendant les dernières années de l'empire et le règne de Louis XVIII. Prisonnier de guerre au Mexique, d'où il fut ramené en Espagne, le gouvernement de ce pays non seulement refusa de rendre le général d'Alvimar à la paix de 1814, mais contre toute les lois des nations s'obstinant à le regarder comme prisonnier d'Etat, il lui fit les offres les plus séduisantes pour passer à son service et rester en Espagne, tandis que d'un autre côté, voyant qu'il ne pouvait réussir, il le calomnia d'une ma-

C'est de la sorte encor que ma muse abusée
De Léandre et d'Héro chanta l'affreux malheur (1),
Sans savoir ce qu'avant en avait dit Musée.
Pour le bon La Fontaine étant donc sans humeur,
Après avoir relu sa fable,
Et de la mienne en rien n'étant le défenseur,
Si celle du meunier te paraît préférable,
Quel que soit de mes vers le chétif intérêt,
Lecteur, je t'offre enfin ma fable comme elle est,
Trop heureux si cette préface
Pour elle à tes yeux trouve grâce.

Un bon paysan s'en allait,
Et près de son fils cheminait,

nière atroce avec le gouvernement français. Jugé par un conseil de guerre d'officiers-généraux espagnols qui le déclara innocent à l'unanimité, d'Alvimar revint enfin à Paris, où de nouvelles injustices l'entravèrent encore dans sa carrière militaire. Chacun lui disant qu'on le croyait mort, jamais situation ne ressembla plus au réveil d'Epiménides; et quoique ruiné par sa longue captivité, ne voyant dans son talent pour la guerre que le bonheur de pouvoir être utile à sa patrie si l'occasion s'en présentait, sans regarder l'état militaire comme une routine journalière qui donne de quoi vivre, répugnant à des démarches qu'il exècre, et peu taillé sur les proportions d'un solliciteur, l'état politique de l'Europe lui déplaisant, d'Alvimar se replia stoïquement sur lui-même, et, jusqu'à l'occasion d'une plus brillante destinée, résolut de se consoler avec les lettres et les beaux-arts.

(1.) *Héro et Léandre,* poëme en quatre chants.

Pour vendre un baudet à la ville.
Pendant la route, le grison,
Tantôt avance assez tranquille,
Par-ci par-là savoure maint chardon;
Ou tantôt se roulant, il se frotte, gambade,
S'ébandit en sautant, fait mainte pétarade;
Et, dans le chant mélodieux
Que forme sa voix éclatante,
Préludant d'un air gracieux
A son octave discordante,
Il égaie aussi le chemin
Avec son cornet à bouquin.
Mais, soit qu'en les voyant se complaire aux merveilles
Du coursier à longues oreilles
Chacun les crut vrai trio de baudets,
Ou que l'ébat du roussin d'Arcadie
Excitant la plaisanterie
Leur attirât les quolibets,
A peine eurent-ils fait un mille,
Quelqu'un s'écrie : O l'imbécille!
Pour ménager un âne, ils sont déjà rendus;
Tiens, vois, le petit n'en peut plus.
A ces mots, notre homme sur l'âne
Grimpe l'enfant; puis, à l'instant,
De suivre sa route en sifflant.
Beau gars, dit un second, veux-tu que Dieu te damne?
Comment, ton pauvre père à pied va s'éreinter,
Et tu ne rougis pas de te faire porter?
En un clin d'œil, et sans cérémonie,
Le villageois montant approuve fort le cas,

Et met son fils en bas.
Parbleu ...... (c'était nouvelle compagnie),
Regarde comme il trotte. Il se carre à propos,
Et peu lui chaut qu'y laissant ses houseaux,
Son petit crève pour le suivre.
Aussitôt notre complaisant
En croupe remonte l'enfant.
Cependant qu'à chacun l'éteuf s'en va passant,
Mon vieux, dit-on encor, si vous n'êtes pas ivre,
Cet âne est-il à vous ? — Certainement. Pourquoi ? —
Le voyant si chargé, j'en doutais, par ma foi ;
Car, vrai, si vous l'aviez en tête,
Plutôt qu'il ne vous portera,
Vous porteriez la pauvre bête.
Ainsi soit-il : tout comme il vous plaira,
Dit l'homme avec son fils se hâtant de descendre ;
Puis, liant l'âne aux pieds, afin de le suspendre,
En dépit de toute raison,
Ils veulent le porter, à l'aide d'un bâton.
C'était sur le pont de la ville
Que cet accident se passait,
Où (chose à croire très facile),
Le peuple en foule s'assemblait,
Tous riant de la bonhomie
Qui, pour soulager un baudet,
Pouvait inspirer telle envie.
Mais tout-à-coup (je tranche net),
Désirant un peu plus d'aisance,
Ou las de cette complaisance,
L'âne se lève avec vigueur,

Et, d'un saut en arrière,
Tombe dans la rivière.
Hélas! chagrin de son malheur,
Et reconnaissant sa faiblesse,
Notre bonhomme, avec tristesse,
Tire ses grègues aussitôt,
Et s'éloigne sans dire mot.
Il vit trop tard que, comme un sot,
Pour les vouloir tous satisfaire,
A personne il n'avait su plaire;
Sans compter que son âne ayant été cherché,
Quelqu'un le trouva mort, par dessus le marché.

FIN.

PARIS. — IMPRIMERIE DE G.-A. DENTU,
rue d'Erfurth, n° 1 *bis*.

www.ingramcontent.com/pod-product-compliance
Ingram Content Group UK Ltd.
Pitfield, Milton Keynes, MK11 3LW, UK
UKHW020535180726
13839UKWH00006B/2531

9 782329 550701